· 广西林草种质资源丛书 ·

Ferns and Fern Allies of Guangxi

Volume 2

广西蕨类植物图谱

蒋日红 刘演
黄耀恒 唐黎明 主编

第二卷

广西壮族自治区林业科学研究院
广西壮族自治区
中国科学院 广西植物研究所

广西科学技术出版社
· 南宁 ·

图书在版编目（CIP）数据

广西蕨类植物图谱．第二卷 / 蒋日红等主编．
南宁：广西科学技术出版社，2024. 11. -- ISBN 978-7-5551-2358-3

Ⅰ.Q949.360.8-64

中国国家版本馆CIP数据核字第202449QE18号

GUANGXI JUELEI ZHIWU TUPU DI-ER JUAN

广西蕨类植物图谱　第二卷

责任编辑：池庆松　邓　霞　　责任校对：夏晓雯
装帧设计：韦娇林　　责任印制：陆　弟

出 版 人：岑　刚
出　　版：广西科学技术出版社
地　　址：广西南宁市东葛路 66 号　　邮政编码：530023
发行电话：0771-5842790

印　　装：广西民族印刷包装集团有限公司
开　　本：787 mm × 1092 mm　1/16
印　　张：21　　字　　数：203 千字
版　　次：2024 年 11 月第 1 版　　印　　次：2024 年 11 月第 1 次印刷
书　　号：ISBN 978-7-5551-2358-3
定　　价：198.00 元

《广西林草种质资源丛书》编委会

前　言

林草种质资源是生物多样性资源的重要组成部分，是开展林草品种选育的物质基础，是我国生态安全、粮食安全的基础保障，更是实现林业与草业可持续发展的重要基础性、战略性资源。广西林草种质资源丰富，为全面摸清广西林草种质资源的本底情况和动态变化，科学开展种质资源的收集、保存、开发利用和管理工作，广西壮族自治区林业局于2020年启动广西第一次林草种质资源普查与收集项目，由广西壮族自治区林业科学研究院实施。

蕨类植物（广义）是植物界中重要的组成部分，是一类用孢子进行繁殖的高等维管植物，在古生代就已繁盛，至今仍保持着较高的生物多样性。广西蕨类植物区系特色鲜明，2013年出版的《广西植物志 第六卷》记载有833种，隶属57科159属（采用秦仁昌1978年蕨类植物分类系统）；根据2014年《广西蕨类植物图谱 第一卷》前言介绍，广西有蕨类植物796种，隶属57科159属。本次普查在野外考察的基础上，结合国内外植物标本馆收藏的广西维管植物标本记录，以及现有的文献资料，通过全面整理研究，查清了广西蕨类植物的本底资源。广西现有蕨类植物947种，隶属58科161属，其中发现并发表蕨类植物新种8种（截至2024年9月）。

《广西蕨类植物图谱 第一卷》收载广西蕨类植物360种，隶属55科131属。《广西蕨类植物图谱 第二卷》仍采用秦仁昌1978年蕨类植物分类系统，收载广西蕨类植物314种，隶属37科94属，重点收集了国家重点保护野生植物名录中的蕨类植物，简明扼要地介绍每种植物的产地、生境、分布，每种植物精选展示一至数张彩图。

本书是广西第一次林草种质资源普查与收集项目（桂林科字〔2021〕第34号）成果的一部分，得到了广西壮族自治区林业局的大力支持及广西壮族自治区林业种苗站的具体指导；本书还得到国家自然科学基金项目中国马尾杉属（石松科）的分类学研究项目（32160048）的支持。标本查阅得到了国内外各大标本馆的支持；野外调查中得到广西各级林业部门的支持和帮助；标本鉴定和书稿编写过程中得到了中国科学院植物研究所张宪春研究员、卫然副研究员，中国科学院华南植物研究所董仕勇研究员，深圳市兰科植物保护研究中心严岳鸿研究员，赣南师范大学李中阳副教授，中国科学院昆明植物所左政裕博士，上海辰山植物园商辉博士等专家的支持，在此表示衷心的感谢。

广西地形地貌复杂多样，气候多变，有些地方在野外调查期间尚未到达，因此本书记录的蕨类植物种类可能还有遗缺；另外，由于时间仓促，加之作者水平有限，书中的疏漏和不足之处在所难免，恳请专家和读者批评指正。

编者

2024 年 9 月

目录
CONTENTS

01. 石杉科 Huperziaceae

中华石杉

Huperzia chinensis（Christ）Ching

产于兴安、全州；生于海拔 1 800 ～ 2 000 m 的石壁上。分布于陕西、湖北、四川。

长柄石杉

Huperzia javanica (Sw.) C. Y. Yang

产于玉林市区、百色市区、贺州市区，以及武鸣、马山、上林、鹿寨、融水、三江、临桂、灵川、全州、兴安、龙胜、资源、平乐、苍梧、岑溪、上思、博白、北流、那坡、凌云、田林、昭平、钟山、南丹、罗城、环江、武宣、金秀、宁明、大新等地；生于海拔300～2 000 m的常绿阔叶林下。中国除东北、华北、西北外，其他各地广布。

昆明石杉

Huperzia kunmingensis Ching

产于融水、三江、全州；生于海拔 200 ～ 2 000 m 的土壁或石壁上。分布于云南、贵州、广东。

龙骨马尾杉

Phlegmariurus carinatus（Desv. ex Poir.）Ching

产于玉林市区，以及兴安、永福、龙胜、东兴、龙州、天等等地；附生于海拔300～900 m的山谷溪边或密林的石壁或树干上。分布于台湾、海南、广东、云南。

柳杉叶马尾杉

Phlegmariurus cryptomerinus（Maxim.）Satou

产于灌阳；生于海拔 1 400 ～ 1 550 m 的林下或谷边石壁上。分布于浙江、台湾。

杉形马尾杉

Phlegmariurus cunninghamioides（Hayata）Ching

产于防城港市区；生于海拔 100 ～ 400 m 的谷边石壁或林下石壁上。分布于台湾。

金丝条马尾杉

Phlegmariurus fargesii（Herter）Ching

产于桂林市区，以及兴安、龙胜、资源、金秀等地；附生于海拔 200 ～ 1 700 m 的林下树干上。分布于云南、四川、重庆、台湾。

广东马尾杉

Phlegmariurus guangdongensis Ching

产于上思；附生于海拔 300 ～ 800 m 的林下树干或石壁上。分布于广东、海南。

闽浙马尾杉

Phlegmariurus mingcheensis Ching

产于临桂、龙胜、钟山、罗城；生于海拔 600 ～ 1 200 m 的林下或石壁上。分布于浙江、福建、江西、湖南、安徽、四川、重庆、广东、海南。

邢氏马尾杉

Phlegmariurus shingianus R. H. Jiang et X. C. Zhang

产于上思；生于海拔 800 ～ 100 m 的林下。

云南马尾杉

Phlegmariurus yunnanensis Ching

产于乐业；附生于海拔约 950 m 的林下树干上。分布于云南。

02. 石松科 Lycopodiaceae

灰白扁枝石松

Diphasiastrum complanatum var. *glaucum* Ching

产于上林、融水、兴安、龙胜、凌云；生于海拔 1 300 ～ 2 100 m 的常绿阔叶林下、山顶疏林或向阳山坡。分布于云南、西藏、台湾、广东。

海南垂穗石松

Palhinhaea hainanensis C. Y. Yang

产于防城、东兴；生于海拔 10 ～ 500 m 的山坡上。分布于海南、广东。

03. 卷柏科 Selaginellaceae

白毛卷柏

Selaginella albociliata P. S. Wang

产于环江；生于海拔约 600 m 的石灰岩山地洞穴石壁上或林下石壁上。分布于贵州。

大叶卷柏

Selaginella bodinieri Hieron. ex Christ

产于凤山、隆林、龙州；生于海拔 300～1 100 m 的林下或石缝中。分布于湖南、重庆、贵州、云南、四川、湖北。

布朗卷柏

Selaginella braunii Baker

产于龙州；生于海拔 300 ～ 450 m 的石灰岩林下或路边。分布于安徽、浙江、湖北、湖南、海南、四川、云南、重庆、贵州。

毛边卷柏

Selaginella chaetoloma Alston

产于全州；生于石灰岩山地的密林下。分布于贵州。

缘毛卷柏

Selaginella ciliaris Spring

产于凤山、巴马；生于海拔 300 ～ 600 m 的灌丛或草丛中。分布于广东、海南、香港、台湾、云南。

澜沧卷柏

Selaginella davidii subsp. *gebaueriana*（Hand.-Mazz.）X. C. Zhang

产于龙州、宁明、靖西、乐业、大新、隆安；生于海拔 400 ～ 900 m 的石灰岩山地石缝中。分布于云南、四川、重庆、贵州、湖北、甘肃。

拟大叶卷柏

Selaginella decipiens Warb.

产于那坡、龙州；生于海拔 100 ～ 1 400 m 的林下。分布于云南。

镰叶卷柏

Selaginella drepanophylla Alston

产于凤山、隆安、靖西；生于海拔 600 ～ 900 m 的石灰岩地区石壁上。分布于贵州。

桂海卷柏

Selaginella guihaia X. C. Zhang

产于防城、东兴；生于海拔 300 ～ 500 m 的林下。

攀援卷柏

Selaginella helferi Warb.

产于百色市区，以及那坡、凌云、田林、忻城、龙州；生于海拔 200～1 000 m 的常绿阔叶林下或林缘灌丛中。分布于贵州、湖南、云南。

异穗卷柏

Selaginella heterostachys Baker

产于桂林市区，以及三江、灵川、龙胜、龙州、大新、那坡、罗城、天峨；生于海拔 200 ～ 900 m 的林下石缝中。分布于云南、四川、重庆、贵州、甘肃、湖南、江西、安徽、广东、海南、香港、浙江、福建、台湾。

缅甸卷柏
Selaginella kurzii Baker

产于桂林市区，以及上林；生于海拔 400 ～ 600 m 的石灰岩山地林下。分布于台湾、云南。

细叶卷柏

Selaginella labordei Hieron. ex Christ

产于贺州市区，以及隆林、靖西、龙州、宁明、武鸣、临桂、龙胜、桂平、容县；生于海拔 250 ～ 1 100 m 的林下潮湿处或石缝中。分布于云南、四川、重庆、西藏、甘肃、陕西、河南、湖南、湖北、贵州、江西、安徽、福建、台湾。

耳基卷柏

Selaginella limbata Alston

产于贺州市区；生于海拔 600 ～ 800 m 的林下或林缘灌丛中。分布于福建、广东、香港、湖南、江西、浙江。

单子卷柏

Selaginella monospora Spring

产于玉林市区、贺州市区，以及桂平、上思、金秀、隆安、龙州、那坡、岑溪；生于海拔 500 ～ 1 300 m 的林下阴湿处。分布于广东、贵州、海南、西藏、云南。

东方卷柏

Selaginella orientalichinensis Ching et C. F. Zhang ex Hao W. Wang et W. B. Liao

产于资源、灌阳；生于海拔 800 ～ 1 600 m 的丹霞山石缝或石壁上；分布于广东、湖南。

黑顶卷柏

Selaginella picta A. Braun ex Baker

产于那坡、隆林、宁明、龙州；生于海拔 300 ～ 900 m 的林下潮湿处。分布于海南、江西、西藏、台湾、云南。

毛枝攀援卷柏

Selaginella pseudopaleifera Hand.-Mazz.

产于贺州市区，以及灌阳、容县；生于海拔 200 ～ 350 m 的常绿阔叶林下。分布于云南。

垫状卷柏

Selaginella pulvinata（Hook. et Grev.）Maxim.

产于贵港市区，以及武鸣、上林、宾阳、阳朔、临桂、永福、资源、藤县、蒙山、岑溪、平南、桂平、容县、北流、德保、隆林；生于海拔 400 ～ 1 200 m 的石壁上。分布于西藏、甘肃、陕西、山西、贵州、云南、四川、重庆、湖北、江西、台湾、福建、河北、河南。

疏叶卷柏

Selaginella remotifolia Spring

产于桂林市区，以及龙胜、三江、融水、罗城、环江、金秀、田林、乐业；生于海拔 300 ～ 1 400 m 的林下或田埂上。分布于云南、贵州、湖北、湖南、四川、重庆、浙江、江苏、江西、福建、广东、台湾。

高雄卷柏

Selaginella repanda（Desv.）Spring

产于百色市区，以及隆安、平果、那坡、乐业、田林、龙州；生于海拔 80 ～ 500 m 的林下或石壁上。分布于贵州、海南、四川、台湾、云南。

卷柏

Selaginella tamariscina（P. Beauv.）Spring

产于贵港市区、玉林市区、贺州市区，以及阳朔、临桂、全州、龙胜、资源、藤县、蒙山、平南、桂平、容县、北流、钟山、富川；生于海拔 300 ～ 900 m 的溪边石壁上。分布于中国东北、华北及台湾、福建、浙江、江苏、山东、陕西、青海、湖北、湖南、江西、广东、香港、云南、贵州、四川。

毛枝卷柏

Selaginella trichoclada Alston

产于全州、兴安、灌阳；生于海拔 300 ~ 800 m 的林下。分布于安徽、福建、广东、湖南、江西、浙江。

藤卷柏

Selaginella willdenowii（Desv.）Baker

产于百色市区，以及那坡；生于海拔 400 ～ 1 100 m 的林下或灌丛中。分布于贵州、云南、台湾。

04. 阴地蕨科 Botrychiaceae

绒毛阴地蕨

Japanobotrychum lanuginosum（Wall. ex Hook. & Grev.）M. Nishida ex Tagawa

产于融水、资源；生于海拔 800 ～ 1 700 m 的林下。分布于台湾、湖南、西藏、云南、贵州、四川。

华东阴地蕨

Sceptridium japonicum（Prantl）Y. X. Lin

产于兴安、龙胜；生于海拔 800 ～ 1 300 m 的林下或灌丛中。分布于台湾、福建、浙江、江苏、江西、广东。

阴地蕨

Sceptridium ternatum（Thunb.）Lyon

产于河池市区，以及全州、兴安、灌阳、龙胜、资源、恭城、富川、天峨；生于海拔 600 ～ 1 000 m 的林下或路边灌丛边缘。分布于台湾、福建、浙江、陕西、河南、湖北、湖南、江西、云南、四川、贵州。

05. 瓶尔小草科 Ophioglossaceae

钝头瓶尔小草

Ophioglossum petiolatum Hook.

产于博白；生于海拔 350 ～ 600 m 的草坡和灌丛中。分布于贵州、云南、四川、安徽、福建、广东、湖北、江西、台湾。

06. 观音座莲科 Angiopteridaceae

披针观音座莲

Angiopteris caudatiformis Hieron.

产于南宁市区，以及靖西；生于海拔 100 ～ 300 m 的山谷林下。分布于云南。

河口观音座莲

Angiopteris hokouensis Ching

产于那坡、龙州；生于海拔 500 ～ 900 m 的山谷林下。分布于云南。

云南观音座莲

Angiopteris yunnanensis Hieron.

产于那坡、凌云、乐业、田林、龙州；生于海拔 300 ～ 900 m 的山谷林下。分布于云南。

亨利原始观音座莲

Archangiopteris henryi Christ et Giesenh.

产于宁明；生于海拔 300 ～ 900 m 的山谷林下。分布于云南。

圆基原始观音座莲

Archangiopteris subrotunda Ching

产于北海市区；生于海拔 100 ～ 500 m 的山谷林下。分布于云南。

07. 紫萁科 Osmundaceae

桂皮紫萁

Osmunda cinnamomea L.

产于资源、融水、金秀、武鸣；生于海拔 900 ～ 1 800 m 的林下溪边或湿地草丛中。分布于云南、四川、贵州、湖南、安徽、江西、广东、福建、台湾。

08. 瘤足蕨科 Plagiogyriaceae

华中瘤足蕨

Plagiogyria euphlebia（Kunze）Mett.

产于百色市区，以及融水、金秀、龙胜、兴安、灵川、资源、临桂、田林、乐业、凌云、平南、武鸣；生于海拔 600 ～ 1400 m 的阔叶林下。分布于台湾、福建、浙江、江苏、安徽、江西、湖北、湖南、广东、云南、贵州、四川。

华东瘤足蕨

Plagiogyria japonica Nakai

产于兴安、灵川、龙胜、融水、金秀、平南、罗城；生于海拔 300 ～ 900 m 的阔叶林下。分布于台湾、福建、江苏、安徽、湖北、湖南、江西、广东、贵州、四川。

09. 里白科 Gleicheniaceae

阔片里白

Diplopterygium blotianum（C. Chr.）Nakai

产于上思、宁明、东兴；生于海拔 300 ～ 500 m 的林下、灌丛或路边。分布于广东、台湾、海南、云南。

假芒萁

Sticherus truncatus（Willd.）Nakai

产于上思；生于海拔 400 ～ 500 m 的林下灌丛或路边。分布于海南。

10. 莎草蕨科 Schizaeaceae

分枝莎草蕨

Schizaea dichotoma（L.）Sm.

产于凭祥；生于海拔约 350 m 的林下。分布于海南、台湾。

11. 膜蕨科 Hymenophyllaceae

南洋假脉蕨

Crepidomanes bipunctatum (Poir.) Copel.

产于防城、上思；生于海拔 300 ～ 800 m 的林下石壁或树干上。分布于台湾、广东、海南、云南。

长柄假脉蕨

Crepidomanes racemulosum（Bosch）Ching

产于那坡、凌云、上思、武鸣、龙州、隆安、金秀；生于海拔 150 ～ 1 200 m 的常绿阔叶林下或沟谷中。分布于江西、海南、广东、香港、四川、云南、贵州。

细口团扇蕨

Gonocormus nitidulus（Bosch）Prantl

产于上思、防城、东兴；生于海拔 300 ～ 1 200 m 的山谷林下阴湿的石壁或树干上。分布于云南、台湾。

顶果膜蕨

Hymenophyllum khasyanum Hook. et Baker

产于龙胜、平南、金秀、上思；生于海拔 700 ～ 1 600 m 的林下或山谷的石壁或树干上。分布于云南、贵州、四川、重庆、湖南、浙江。

小叶膜蕨

Hymenophyllum oxyodon Baker

产于那坡、靖西、龙州、上思、金秀、灵川；生于海拔 800 ～ 1 800 m 的山谷石壁上或树干上。分布于云南、湖南、海南、江西、福建。

皱叶蕗蕨

Mecodium corrugatum（Christ）Cop.

产于融水、全州、龙胜、资源；生于海拔 300 ～ 2 000 m 的林下阴湿处。分布于四川、湖北、西藏。

毛蕗蕨

Mecodium exsertum（Wall.）Cop.

产于武鸣、罗城、环江、融水；生于海拔 800 ～ 2 000 m 的林下阴湿处。分布于台湾、西藏、云南、四川、广东、海南、江西。

羽叶蕗蕨

Mecodium paramnioides H. G. Zhou et W. M. Chu

产于武鸣、金秀；生于海拔 800 ～ 1 600 m 的林下阴湿处。

广西长筒蕨

Selenodesmium siamense（Christ）Ching et C. H. Wang

产于防城、上思；生于海拔 200 ～ 500 m 的林下或山谷溪边。分布于广东、香港、澳门、海南、湖南。

管苞瓶蕨

Vandenboschia birmanica（Bedd.）Ching

产于田林、那坡、武鸣、灵川、兴安、龙胜；生于海拔 800 ~ 1 300 m 的常绿阔叶林下或山谷溪边石壁上。分布于福建、广东、海南、云南、贵州、河南、湖南、江西、台湾、浙江。

漏斗瓶蕨

Vandenboschia naseana.

产于三江、田林、凌云；生于海拔 300 ～ 1 300 m 的常绿阔叶林下。分布于西藏、云南、四川、贵州、广东、台湾、浙江。

南海瓶蕨

Vandenboschia striata（D. Don）Ebihara

产于三江、凌云、田林、贺州、金秀；生于海拔 400 ～ 500 m 的常绿阔叶林下或沟谷中。分布于云南、台湾、广东、海南、浙江。

12. 桫椤科 Cyatheaceae

中华桫椤

Alsophila costularis Baker

产于隆林、凭祥、容县、宁明；生于海拔 600 ～ 1 200 m 的沟谷林中或山坡林中。分布于台湾、云南。

阴生桫椤

Alsophila latebrosa Wall. ex Hook.

产于贺州市区，以及临桂；生于海拔 300 ～ 600 m 的山谷林下阴湿处。分布于云南、台湾、海南。

结脉黑桫椤

Gymnosphaera bonii（Christ）S. Y. Dong

产于上思；生于海拔 200 ～ 400 m 的林下。分布于福建、广东、贵州、海南、香港、云南。

平鳞黑桫椤

Gymnosphaera henryi (Baker) S. R. Ghosh

产于钦州市区，以及防城、东兴；生于海拔 200 ～ 800 m 的沟谷林下或灌丛中。分布于广东、海南、云南。

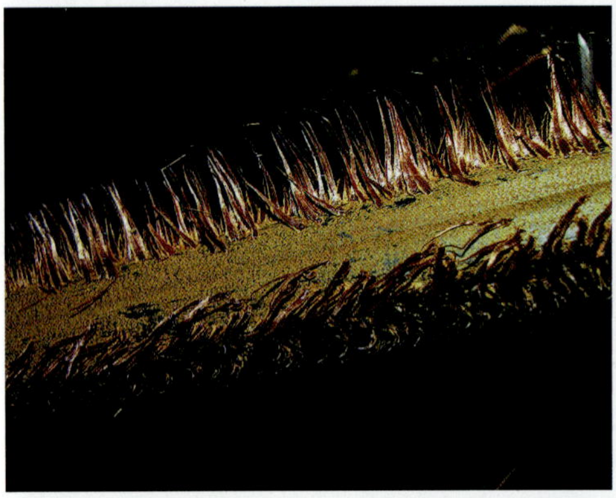

广西白桫椤

Sphaeropteris guangxiensis Y. F. Gu et Y. H. Yan

产于东兴；生于海拔 300 ～ 800 m 的沟谷林下。

13. 碗蕨科 Dennstaedtiaceae

金果鳞盖蕨

Microlepia chrysocarpa Ching

产于河池市区，以及三江、田林、罗城；生于海拔 300 ~ 500 m 的石灰岩山地林下。分布于贵州。

华南鳞盖蕨

Microlepia hancei Prantl

产于南宁市区、玉林市区、百色市区，以及上林、宾阳、三江、苍梧、灵山、桂平、北流、罗城；生于海拔 300 ～ 500 m 的林下或路边灌丛中。分布于台湾、福建、广东、海南、云南、贵州、香港。

光叶鳞盖蕨

Microlepia marginata var. *calvescens*（Wall. ex Hook.）C. Chr.

产于龙胜、武鸣、龙州；生于海拔 600～1 300 m 的山谷林下。分布于台湾、福建、浙江、广东、海南、云南、四川、贵州。

毛叶鳞盖蕨

Microlepia marginata var. *villosa* C. Presl

产于贺州市区，以及田林、靖西、那坡、南丹、龙州、大新；生于海拔200～1 300 m 的林下或路边灌丛中。分布于长江中下游以南各省区。

团羽鳞盖蕨

Microlepia obtusiloba Hayata

产于南宁市区，以及那坡、金秀；生于海拔 300 ～ 900 m 的沟谷林下。分布于台湾、海南、云南。

斜方鳞盖蕨

Microlepia rhomboidea C. Presl

产于百色市区，以及那坡、凌云、隆林、扶绥；生于海拔 400 ～ 900 m 的沟谷林下。分布于海南、云南。

热带鳞盖蕨

Microlepia speluncae（L.）T. Moore

产于百色市区，以及上林、那坡、田林、宁明、龙州；生于海拔 200 ～ 600 m 的林下或灌丛中。分布于海南、云南、贵州、台湾。

粗毛鳞盖蕨

Microlepia strigosa（Thunb.）C. Presl

产于罗城、龙州；生于海拔500～1 000 m的林下。分布于台湾、福建、浙江、云南、贵州、四川。

14. 鳞始蕨科 Lindsaeaceae

华南鳞始蕨

Lindsaea austrosinica Ching

产于上思、宁明；生于海拔 400 ～ 1 100 m 的林下。分布于海南。

碎叶鳞始蕨

Lindsaea chingii C. Chr.

产于防城、上思；生于海拔 300 ～ 500 m 的林下潮湿处。分布于海南。

异叶鳞始蕨

Lindsaea heterophylla Dryand.

广西各地均产；生于海拔 120 ～ 1 800 m 的林下、路边或灌丛中。分布于台湾、福建、广东、海南、香港、云南。

15. 姬蕨科 Hypolepidaceae

高山姬蕨

Hypolepis alpina（Blume）Hook.

产于北流、金秀；生于海拔 800 ～ 1 200 m 沟谷溪边。分布于台湾、海南、广东、云南、西藏。

16. 凤尾蕨科 Pteridaceae

线裂凤尾蕨

Pteris angustipinnula Ching & S. H. Wu

产于龙州、大新、扶绥；生于海拔 300 ～ 500 m 的石灰岩林下。

岩凤尾蕨

Pteris deltodon Baker

广西各石灰岩地区均产；生于石灰岩山地林下或洞口带。分布于广东、台湾、四川、贵州、云南。

疏羽半边旗

Pteris dissitifolia Baker

产于贺州市区，以及武鸣、上林、防城、上思、桂平、金秀、龙州；生于海拔 100 ～ 400 m 的疏林下。分布于云南、广东、海南。

剑叶凤尾蕨

Pteris ensiformis Burm.

广西各地均产；生于林下、灌丛、溪边和屋舍边。分布于海南、浙江、江西、福建、台湾、广东、贵州、四川、云南。

百越凤尾蕨

Pteris fauriei var. *chinensis* Ching et S. H. Wu

产于玉林市区，以及恭城、那坡、苍梧、藤县、平南、桂平、北流、灵山、隆安、龙州、大新、宁明、靖西；生于海拔 80 ～ 1 100 m 的林下或灌丛中。分布于台湾、福建、广东、海南、贵州。

狭叶凤尾蕨

Pteris henryi Christ

产于武鸣、隆安、桂平、靖西、凌云、乐业、隆林、天峨、罗城、宜州；生于海拔 200 ～ 1 100 m 的林下或灌丛中。分布于河南、陕西、四川、贵州、云南、甘肃、湖北、湖南。

中华凤尾蕨

Pteris inaequalis Baker

产于武鸣、龙胜、荔浦；生于海拔 300 ～ 800 m 的沟谷溪边或林下阴湿处。分布于浙江、江西、福建、广东、贵州、四川、云南。

华中凤尾蕨

Pteris kiuschinensis var. *centrochinensis* Ching & S. H. Wu

产于融水、田林、平南；生于海拔 300 ～ 1 300 m 的林下或沟边。分布于福建、江西、湖南、广东、贵州、四川、云南。

平羽凤尾蕨

Pteris kiuschiuensis var. *kiuschiuensis*

产于融水、龙胜、三江、那坡、武鸣；生于海拔 400 ～ 1 300 m 的林下或沟边。分布于福建、江西、湖南、贵州、四川、广东。

两广凤尾蕨

Pteris maclurei Ching

产于兴安、象州、金秀、龙胜；生于海拔 500 ～ 700 m 的林下阴湿处。分布于福建、湖南、江西、广东。

岭南凤尾蕨

Pteris maclurioides Ching

产于临桂、龙胜；生于海拔 500 ～ 800 m 的林下。分布于广东。

井栏凤尾蕨

Pteris multifida Poir.

广西各地均产；生于海拔 10 ～ 2 100 m 的路边石缝、墙隙、灌丛、草丛、岩缝中及水井边。分布于中国热带、亚热带各省区。

斜羽凤尾蕨

Pteris oshimensis Hieron.

产于阳朔、宁明、龙州、靖西、那坡；生于海拔 250 ～ 400 m 的沟谷溪边或石灰岩山地林下。分布于福建、江西、湖南、广东、贵州、四川。

栗柄凤尾蕨

Pteris plumbea Christ

产于南宁市区、桂林市区，以及阳朔、资源、灵山、桂平、扶绥、宁明；生于海拔 80 ～ 600 m 的石灰岩山地林下石缝或灌丛中。分布于江苏、浙江、江西、福建、湖南、广东。

有刺凤尾蕨

Pteris setulosocostulata Hayata

产于金秀、武鸣、那坡、田林；生于海拔 900 ～ 1 300 m 的林下。分布于台湾、云南、广东、四川。

溪边凤尾蕨

Pteris terminalis Wall.

产于贺州市区、桂林市区、来宾市区，以及兴安、资源、全州、灵川、龙胜、金秀、上思、荔浦、三江、那坡、田林、武鸣；生于海拔 400 ～ 1 300 m 的沟谷溪边或林下阴湿处。分布于台湾、江西、湖北、广东、贵州、四川、云南、西藏、湖南。

17. 光叶藤蕨科 Stenochlaenaceae

光叶藤蕨

Stenochlaena palustris (Burm.) Bedd.

产于北海市区，以及东兴、防城；生于海拔 5 ～ 30 m 的海边灌丛。分布于海南、云南。

18. 中国蕨科 Sinopteridaceae

粉背蕨

Aleuritopteris anceps（Blanford）Panigrahi

产于桂平、阳朔、临桂、灵川、兴安、资源、三江、那坡、靖西；生于海拔 300 ～ 2 100 m 的林下或灌丛的石壁上。分布于福建、广东、云南、四川、贵州、西藏、江西、湖南。

金粉背蕨

Aleuritopteris chrysophylla (Hook.) Ching

产于武鸣、金秀、龙胜；生于海拔 900 ~ 2 000 m 的石壁上。分布于云南、西藏、海南。

台湾粉背蕨

Aleuritopteris formosana（Hayata）Tagawa

产于兴安、灵川；生于海拔 1 300 ～ 2 100 m 的林下石壁上。分布于四川、贵州、云南、西藏、福建、台湾、广东。

阔盖粉背蕨

Aleuritopteris grisea (Blanford) Panigrahi

产于兴安；生于海拔 400 ~ 600 m 的林下石壁上。分布于河北、四川、贵州、云南、西藏。

金爪粉背蕨

Aleuritopteris veitchii (Christ) Ching

产于兴安、全州、灵川；生于海拔 800～2 100 m 的石壁上。分布于云南、四川、贵州。

中华隐囊蕨

Notholaena chinensis Baker

产于全州、灵川、临桂；生于海拔 300 ～ 800 m 的林下石缝中。分布于湖北、四川、贵州、湖南。

黑足金粉蕨

Onychium cryptogrammoides Christ

产于兴安；生于海拔 1 600 ～ 2 000 m 的灌丛中。分布于四川、贵州、云南、西藏、甘肃、台湾。

金粉蕨

Onychium siliculosum (Desv.) C. Chr.

产于那坡、武鸣；生于海拔 300 ～ 600 m 的灌丛中。分布于台湾、海南、云南。

滇西旱蕨

Pellaea mairei Brause

产于百色市区，以及德保、那坡、凌云、乐业、天等；生于海拔 600 ～ 1 100 m 的林下或灌丛中。分布于陕西、云南、贵州。

19. 铁线蕨科 Adiantaceae

具齿铁线蕨

Adiantum dentatum A. H. Wang，F. G. Wang & F. W. Xing

产于凤山；生于海拔 700 ～ 900 m 的石灰岩山地洞穴口。

长尾铁线蕨

Adiantum diaphanum Blume

产于东兴；生于海拔 400 ～ 600 m 的林下。分布于台湾、福建、江西、广东、海南。

普通铁线蕨

Adiantum edgeworthii Hook.

产于隆林；生于海拔 700 ～ 900 m 的林下。分布于北京、天津、河北、河南、辽宁、陕西、山东、甘肃、四川、重庆、云南、贵州、湖北、台湾、西藏。

毛叶铁线蕨

Adiantum hispidulum Swartz

产于北海市区；生于海拔 400 ～ 600 m 的林下。分布于台湾、广东、云南。

龙州铁线蕨

Adiantum longzhouensis A. H. Wang、F. G. Wang & F. W. Xing

产于龙州、大新；生于海拔400～700 m的石灰岩山地林下石壁上。

20. 裸子蕨科 Hemionitidaceae

南岳凤了蕨

Coniogramme centrochinensis Ching

产于兴安；生于海拔 400 ～ 1 200 m 的林下。分布于湖南、湖北、河南、安徽、江苏、浙江、江西、福建、贵州。

峨眉凤了蕨

Coniogramme emeiensis Ching et K. H. Shing

产于兴安、全州、灵川；生于海拔 600 ～ 1 800 m 的林下。分布于贵州、重庆、四川、福建、广东、河南、湖北、湖南、江苏、江西、安徽、浙江。

全缘凤了蕨

Coniogramme fraxinea（D. Don）Diels

产于兴安、融水、三江、武鸣、龙州；生于海拔 300 ～ 1 800 m 的常绿阔叶林下。分布于台湾、西藏、云南。

普通凤了蕨

Coniogramme intermedia Hieron.

产于融水、金秀、龙胜、全州、临桂、容县、隆林、田林；生于海拔 600 ～ 1 900 m 的常绿阔叶林下。分布于云南、西藏、贵州、四川、甘肃、河南、陕西、河北、吉林、湖北、浙江、江西、福建。

凤了蕨

Coniogramme japonica（Thunb.）Diels

产于龙胜、兴安、三江、龙州、隆林；生于海拔 600 ～ 1 300 m 的常绿阔叶林下。分布于云南、台湾、福建、浙江、江苏、江西、广东、安徽、河南、湖北、湖南、四川、重庆、贵州、陕西。

直角凤了蕨

Coniogramme procera Fée

产于融水；生于海拔 1 600 ～ 1 900 m 的林下。分布于云南、西藏、台湾。

乳头凤了蕨

Coniogramme rosthornii Hieron.

产于武鸣、融水、三江；生于海拔 900 ～ 1 200 m 的林下。分布于云南、四川、重庆、贵州、湖南、湖北、陕西、甘肃、河南。

21. 车前蕨科 Antrophyaceae

台湾车前蕨

Antrophyum formosanum Hieron.

产于灵川；生于海拔 400 ～ 600 m 的溪边。分布于海南、台湾。

长柄车前蕨

Antrophyum obovatum Baker

产于融水、龙胜、靖西、那坡、凌云、田林、象州；生于海拔 500 ～ 1300 m 林下石壁上。分布于台湾、江西、福建、广东、云南、贵州、湖南、四川、重庆、西藏。

22. 书带蕨科 Vittariaceae

剑叶书带蕨

Haplopteris amboinensis（Fée）X. C. Zhang

产于融水、灵川、兴安、平南、金秀、容县、象州；生于海拔 600 ～ 1 300 m 的林下石壁上。分布于广东、海南、香港、云南。

带状书带蕨

Haplopteris doniana (Mett. ex Hieron.) E. H. Crane

产于融水、金秀、象州、田林、凌云；生于海拔 300 ～ 700 m 的常绿阔叶林下。分布于贵州、云南、湖南、西藏。

平肋书带蕨

Haplopteris fudzinoi（Makino）E. H. Crane

产于武鸣、融水、兴安、龙胜、资源；生于海拔 800 ～ 1 400 m 的常绿阔叶林下。分布于贵州、云南、四川、湖北、湖南、安徽、浙江、江西、福建、广东。

曲鳞书带蕨

Haplopteris plurisulcata (Ching) X. C. Zhang

产于宁明；生于海拔 1 700 ～ 1 800 m 的林下石壁上。分布于云南。

23. 蹄盖蕨科 Athyriaceae

狭翅短肠蕨

Allantodia alata（Christ）Ching

产于百色市区，以及靖西、大新、龙州；生于海拔 300 ～ 900 m 的石灰岩山地林下。分布于贵州、云南。

中华短肠蕨

Allantodia chinensis (Baker) Ching

产于百色市区，以及靖西、武鸣；生于海拔 400 ～ 800 m 的山谷林下。分布于安徽、浙江、江苏、江西、福建、四川、重庆、贵州。

毛柄短肠蕨

Allantodia dilatata (Blume) Ching

广西各地均产；生于海拔 100 ～ 1 200 m 的常绿阔叶林下、沟谷溪边。分布于台湾、福建、浙江、广东、海南、香港、四川、重庆、云南、贵州。

光脚短肠蕨

Allantodia doederleinii（Luerss.）Ching

产于贺州市区、玉林市区，以及阳朔、融水、都安、罗城、金秀、田林、靖西、那坡、北流、桂平、平南、上思、龙州、武鸣；生于海拔 400 ～ 1 100 m 的林下溪边。分布于浙江、福建、台湾、广东、香港、湖南、四川、贵州、云南。

大叶短肠蕨

Allantodia maxima (D. Don) Ching

产于武鸣、罗城、龙州；生于海拔 700 ~ 1 000 m 的常绿阔叶林下。分布于江西、贵州、云南、福建、海南。

假耳羽短肠蕨

Allantodia okudairai（Makino）Ching

产于全州；生于海拔 300 ～ 500 m 的林下。分布于江西、湖南、四川、重庆、贵州、云南、台湾。

假镰羽短肠蕨

Allantodia petri（Tardieu）Ching

产于百色市区、玉林市区，以及凌云、田林、上思、武鸣；生于海拔 300 ～ 1 300 m 的阔叶林下或林下溪边。分布于浙江、台湾、海南、贵州、云南。

双生短肠蕨

Allantodia prolixa（Rosenst.）Ching

产于百色市区，以及龙胜、天峨、那坡、靖西、隆林、田林、乐业、宁明、大新、龙州；生于海拔 200 ～ 1 300 m 的林下。分布于浙江、江西、湖南、广东、重庆、云南、贵州。

鳞柄短肠蕨

Allantodia squamigera（Mett.）Ching

产于兴安、全州；生于海拔 1 600～1 900 m 的林下。分布于山西、河南、甘肃、安徽、江苏、浙江、江西、湖北、四川、重庆、贵州、云南、西藏、福建、台湾。

淡绿短肠蕨

Allantodia virescens（Kunze）Ching

产于贺州市区，以及武鸣、三江、阳朔、临桂、龙胜、北流、宁明、龙州；生于海拔 400 ～ 1 100 m 的林下或山谷溪边。分布于安徽、浙江、江西、湖南、湖北、四川、重庆、贵州、云南、福建、台湾、广东。

深绿短肠蕨

Allantodia viridissima (Christ) Ching

产于桂林市区、百色市区，以及龙胜、金秀、融水、三江、隆林、田林、龙州、北流、武鸣；生于海拔 300 ~ 1 200 m 的林下或溪边。分布于台湾、四川、广东、海南、云南、贵州、西藏。

翅轴蹄盖蕨

Athyrium delavayi Christ

产于龙胜、融水、罗城、隆林；生于海拔 600 ～ 1 600 m 的山谷林下。分布于云南、四川、重庆、贵州、湖北。

薄叶蹄盖蕨

Athyrium delicatulum Ching et S. K. Wu

产于武鸣、兴安、龙胜；生于海拔 800 ～ 1 600 m 的竹林下。分布于云南、贵州、四川、重庆、西藏。

湿生蹄盖蕨

Athyrium devolii Ching

产于龙胜、兴安、融水、北流；生于海拔 600 ～ 1 300 m 的常绿阔叶林下。分布于浙江、江西、福建、贵州、云南、四川、重庆、西藏。

长江蹄盖蕨

Athyrium iseanum Rosenst.

产于龙胜、融水、武鸣；生于海拔900～1 300 m的常绿阔叶林下。分布于安徽、江苏、浙江、福建、台湾、广东、贵州、云南、四川、重庆、江西、湖南、湖北、西藏。

紫柄蹄盖蕨

Athyrium kenzosatakei Kurata

产于龙胜、环江、武鸣、金秀、天峨；生于海拔 800 ～ 1 400 m 的林下阴湿处。分布于广东、四川。

川滇蹄盖蕨

Athyrium mackinnonii（C. Hope）C. Chr.

产于罗城；生于海拔约 800 m 的林下沟边。分布于陕西、甘肃、湖北、湖南、四川、重庆、贵州、云南、西藏。

日本蹄盖蕨

Athyrium niponicum (Mett.) Hance

产于桂林市区，以及武鸣、上林、马山、三江、乐业、隆林；生于海拔 300 ～ 1 200 m 的林下或灌丛中。分布于辽宁、北京、河北、山西、陕西、宁夏、甘肃、山东、江苏、安徽、台湾、浙江、江西、河南、湖北、湖南、广东、四川、重庆、贵州、云南。

峨眉蹄盖蕨

Athyrium omeiense Ching

产于兴安；生于海拔 1 200 ～ 1 800 m 林下。分布于陕西、甘肃、湖南、湖北、四川、重庆、贵州、云南。

柄羽蹄盖蕨

Athyrium sessilipinnum X. C. Zhang et R. Wei

产于金秀；生于海拔 1 400 ～ 1 600 m 的林下。

尖头蹄盖蕨

Athyrium vidalii（Franch. et Sav.）Nakai

产于罗城、融水、龙胜；生于海拔 600 ～ 1 200 m 的林下沟边。分布于浙江、安徽、江西、福建、台湾、河南、湖北、湖南、四川、重庆、贵州、云南、陕西。

胎生蹄盖蕨

Athyrium viviparum Christ

产于龙胜、金秀、环江、凌云、乐业、田林、隆林、武鸣；生于海拔 500 ～ 1 400 m 的常绿阔叶林下。分布于四川、重庆、贵州、云南、湖南、广东、江西。

华中蹄盖蕨

Athyrium wardii（Hook.）Makino

产于龙胜、环江、融水；生于海拔 600 ～ 1 200 m 的山谷林下。分布于浙江、安徽、江西、福建、湖北、湖南、重庆、贵州、云南。

网蕨

Dictyodroma heterophlebium（Mett.）Ching

产于容县、金秀；生于海拔 900 ～ 1 300 m 的林下。分布于云南、西藏。

狭鳞双盖蕨

Diplazium stenolepis Ching

产于龙州；生于海拔 600 ～ 800 m 的林下。分布于海南。

介蕨

Dryoathyrium boryanum（Willd.）Ching

产于玉林市区，以及融水、隆林、田林、那坡、北流、上思、龙州；生于海拔 300 ～ 1 100 m 的林下。分布于云南、贵州、西藏、陕西、浙江、湖南、福建、广东、海南、台湾。

无齿介蕨

Dryoathyrium edentulum（Kunze）Ching

产于那坡、隆林；生于海拔 350～1 200 m 的林下。分布于广东、贵州、云南。

峨眉介蕨

Dryoathyrium unifurcatum（Baker）Ching

产于靖西、那坡；生于海拔900～1 100 m的林下。分布于四川、重庆、贵州、云南、陕西、浙江、湖北、湖南、台湾。

拟鳞毛蕨

Kuniwatsukia cuspidata（Bedd.）Pic. Serm.

产于百色市区，以及靖西、那坡、德保、田林、隆林、大新、龙州、天峨；生于海拔 400 ～ 1 500 m 的林下沟边。分布于云南、西藏、贵州。

华中蛾眉蕨

Lunathyrium shennongense Ching

产于全州；生于海拔 1 400 ～ 1 800 m 的林下。分布于河北、河南、陕西、安徽、浙江、江西、湖南、湖北、四川、贵州、云南。

喜钙轴果蕨

Rhachidosorus consimilis Ching

产于靖西、那坡、宁明、大新、龙州；生于海拔 250 ～ 1 000 m 的石灰岩山地林下。分布于四川、贵州、云南。

24. 金星蕨科 Thelypteridaceae

星毛蕨

Ampelopteris prolifera（Retz.）Copel.

广西各地均产；生于海拔 0～1 100 m 的沟边、田边、池塘边等湿地处。分布于台湾、江西、湖南、福建、广东、海南、贵州、云南、四川。

焕镛钩毛蕨

Cyclogramma chunii（Ching）Tagawa

产于那坡；生于海拔 1 000 ～ 1 200 m 的常绿阔叶林下。分布于广东、云南、贵州。

小叶钩毛蕨

Cyclogramma flexilis（Christ）Tagawa

产于田林；生于海拔 120 ～ 1 400 m 的常绿阔叶林下。分布于四川、贵州。

狭基钩毛蕨

Cyclogramma leveillei（Christ）Ching

产于武鸣；生于海拔 1 000 ～ 1 200 m 的常绿阔叶林下。分布于台湾、福建、广东、贵州、云南、四川。

广西毛蕨

Cyclosorus guangxiensis L. Z. Tang et J. C. An

产于环江；生于海拔 300 ～ 800 m 的石灰岩林下。

异果毛蕨

Cyclosorus heterocarpus (Blume) Ching

产于上思、东兴、防城、桂平、扶绥；生于海拔 100 ～ 500 m 的林下阴湿处。分布于福建、香港、海南、广东。

毛囊毛蕨

Cyclosorus hirtisorus (C. Chr.) Ching

产于防城；生于海拔 500 ～ 600 m 的疏林下。分布于云南。

毛蕨

Cyclosorus interruptus (Willd.) H. Ito

产于北海市区，以及东兴、防城、临桂；生于海拔 10 ～ 600 m 的林缘、湿地和沟谷溪边。分布于台湾、福建、广东、江西、云南、海南、香港。

闽台毛蕨

Cyclosorus jaculosus（Christ）H. Ito

产于龙州；生于海拔 400 ～ 600 m 的林下。分布于浙江、江西、湖南、贵州、云南、福建、台湾、广东。

景洪毛蕨

Cyclosorus jinghongensis Ching ex K. H. Shing

产于百色市区，以及武鸣；生于海拔 400 ～ 600 m 的石灰岩山地林下或路边。分布于云南。

蝶状毛蕨

Cyclosorus papilio（C. Hope）Ching

产于东兴；生于海拔 300 ～ 500 m 的沟谷溪边。分布于四川、云南、西藏、台湾。

楔形毛蕨

Cyclosorus pseudocunneatus Ching ex K. H. Shing

产于龙州；生于海拔 300 ～ 600 m 的石灰岩林下。

微毛凸轴蕨

Metathelypteris adscendens (Ching) Ching

产于梧州市区、贺州市区、玉林市区，以及桂平；生于海拔 300 ～ 500 m 的常绿阔叶林下或沟谷溪边。分布于台湾、福建、广东、浙江。

薄叶凸轴蕨

Metathelypteris flaccida（Blume）Ching

产于融水；生于海拔 600 ～ 1 800 m 的沟边林下。分布于贵州、云南。

有腺凸轴蕨

Metathelypteris glandulifera Ching ex K. H. Shing

产于武鸣、兴安；生于海拔 1 200 ～ 1 400 m 的林下。分布于云南。

林下凸轴蕨

Metathelypteris hattorii（H. Ito）Ching

产于临桂、灵川、龙胜、兴安、武鸣、上思；生于海拔 250 ～ 1 400 m 的常绿阔叶林下。分布于安徽、浙江、江西、福建、湖南、四川。

疏羽凸轴蕨

Metathelypteris laxa（Franch. et Sav.）Ching

产于临桂、三江、金秀、罗城、田林、那坡、凌云、武鸣、上思、兴安、灵川；生于海拔 300 ～ 1 300 m 的常绿阔叶林下。分布于长江流域、西南地区以及福建、台湾。

长根金星蕨

Parathelypteris beddomei（Baker）Ching

产于兴安、龙胜、田林、武鸣；生于海拔 600 ～ 1 300 m 的路边或灌丛中，喜较潮湿的生境。分布于云南、台湾、浙江。

尾羽金星蕨

Parathelypteris caudata Ching ex K. H. Shing

产于武鸣、上林；生于海拔 800 ～ 1 200 m 的林下或路边。分布于云南。

光脚金星蕨

Parathelypteris japonica（Baker）Ching

产于龙胜、金秀、北流、武鸣；生于海拔 600 ～ 1 300 m 的常绿阔叶林下。分布于江苏、福建、台湾、广东、江西、贵州、四川。

黑叶金星蕨

Parathelypteris nigrescens Ching ex K. H. Shing

产于武鸣、上林；生于海拔 800 ～ 1 600 m 的林下或路边。分布于云南。

中日金星蕨

Parathelypteris nipponica（Franch. et Sav.）Ching

产于龙胜、融水、扶绥；生于海拔 300 ～ 1 200 m 的路边或溪边。分布于长江以南各省区，北至河南、陕西，西南至云南。

硕羽新月蕨

Pronephrium macrophyllum Ching et Y. X. Lin

产于环江、凌云；生于海拔 540 ～ 760 m 的沟边林下。分布于云南。

单叶新月蕨

Pronephrium simplex（Hook.）Holttum

产于柳州市区、玉林市区、防城港市区，以及苍梧、博白、容县、陆川、上思、上林；生于海拔 200 ～ 450 m 的常绿阔叶林下。分布于台湾、福建、广东、海南、香港、云南。

三羽新月蕨

Pronephrium triphyllum (Sw.) Holttum

产于百色市区、玉林市区、贵港市区、南宁市区，以及永福、那坡、苍梧、平南、桂平、防城、灵山、上思、宁明、大新、龙州、凭祥、靖西；生于海拔100 ～ 600 m 的常绿阔叶林下或灌丛中。分布于台湾、福建、广东、香港、云南。

西南假毛蕨

Pseudocyclosorus esquirolii (Christ) Ching

产于龙胜、融水、临桂、兴安、三江、那坡、乐业、凌云、隆林、武鸣、扶绥；生于海拔 420 ～ 1 200 m 的沟谷溪边。分布于台湾、福建、云南、贵州、四川、重庆、湖南。

普通假毛蕨

Pseudocyclosorus subochthodes (Ching) Ching

产于融水、三江、金秀、临桂、上思、兴安、罗城、环江、北流、扶绥、武鸣；生于海拔 300 ～ 1 250 m 的沟谷溪边。广布于长江以南各省区。

假毛蕨

Pseudocyclosorus tylodes（Kunze）Holttum

产于贺州市区，以及融水、恭城、罗城、田林、那坡、藤县、容县、北流、武鸣、上思、防城；生于海拔 300 ～ 1 300 m 的沟谷溪边。分布于广东、海南、西藏、贵州、云南、四川。

星毛紫柄蕨

Pseudophegopteris levingei（C. B. Clarke）Ching

产于兴安；生于海拔 1 400 ～ 1 800 m 的林下或路边。分布于陕西、甘肃、四川、云南、西藏、台湾。

禾秆紫柄蕨

Pseudophegopteris microstegia（Hook.）Ching

产于宁明；生于海拔 800 ～ 1 400 m 的林下。分布于四川、重庆、云南、西藏。

对生紫柄蕨

Pseudophegopteris rectangularis (Zoll.) Holttum

产于环江、兴安、融水；生于海拔 900 ～ 1 200 m 的溪边林下或路边岩壁上。分布于云南、西藏。

云贵紫柄蕨

Pseudophegopteris yunkweiensis (Ching) Ching

产于上思、融水、罗城、金秀、武鸣；生于海拔 300～1 100 m 的常绿阔叶林下。分布于云南、贵州。

25. 铁角蕨科 Aspleniaceae

华南铁角蕨

Asplenium austrochinense Ching

产于桂林市区，以及象州、凌云、乐业；生于海拔 300 ～ 1 400 m 的林下或溪边石壁上。分布于台湾、福建、浙江、安徽、江西、湖北、湖南、广东、海南、香港、云南、四川、重庆、贵州。

大盖铁角蕨

Asplenium bullatum Wall. ex Mett.

产于隆林；生于海拔 600 ～ 1 800 m 的林下。分布于台湾、福建、湖南、云南、贵州、四川、西藏。

线柄铁角蕨

Asplenium capillipes Makino

产于乐业；生于海拔 800 ～ 1 000 m 石灰岩山地洞穴口或林下。分布于陕西、甘肃、湖南、四川、贵州、云南、台湾。

角状铁角蕨

Asplenium cornutissimum X. C. Zhang et R. H. Jiang

产于靖西；生于海拔 700 ～ 800 m 的石灰岩山洞中。

剑叶铁角蕨

Asplenium ensiforme Wall. ex Hook. et Grev.

产于贺州市区，以及武鸣、龙胜、兴安、临桂、灵川、融水、融安、金秀、那坡、田林、龙州、大新；生于海拔 400 ～ 1 300 m 的常绿阔叶林下。分布于台湾、江西、湖南、广东、云南、四川、贵州、西藏。

西南铁角蕨

Asplenium praemorsum Sw.

产于环江；生于海拔 400 ～ 600 m 的林下或岩石上。分布于云南、四川、贵州。

微凹铁角蕨

Asplenium retusullum Ching

产于容县、龙州；生于海拔 300 ～ 500 m 的林下。分布于云南、贵州。

华中铁角蕨

Asplenium sarelii Hook.

产于桂林市区，以及龙胜、那坡、乐业、隆林、靖西、龙州、大新；生于海拔 200 ～ 1 300 m 的常绿阔叶林下。分布于东北、西北、华北、西南至华南、华东。

狭叶铁角蕨

Asplenium scortechinii Bedd.

产于上思、龙州、扶绥；生于海拔 900 ～ 1 400 m 的林下。分布于海南、广东、云南。

细茎铁角蕨

Asplenium tenuicaule Hayata

产于乐业；生于海拔 700 ～ 900 m 的林下石壁上。分布于重庆、甘肃、贵州、河北、黑龙江、河南、湖南、江苏、江西、吉林、辽宁、内蒙古、青海、山西、山东、陕西、四川、台湾、西藏、云南、浙江。

阴湿铁角蕨

Asplenium unilaterale Lam.var. *udum* Atkinson ex Clarke

产于灵川、百色、凌云、罗城、金秀、扶绥；生于海拔 200 ～ 1 300 m 的常绿阔叶林下或石灰岩山地洞穴口石壁上。分布于江西、湖南、四川、贵州、云南、台湾、广东。

大鳞巢蕨

Neottopteris antiqua（Makino）Masam.

产于防城、上思；生于海拔350～500 m的林下。分布于广东、海南、福建、台湾、湖南、江西、云南、贵州、四川。

扁柄巢蕨

Neottopteris humbertii（Tardieu）Tagawa

产于崇左市区，以及龙州；生于海拔300～600 m的石灰岩山地林下石壁上。分布于云南、贵州、海南。

水鳖蕨

Sinephropteris delavayi (Franch.) Mickel

产于隆林；生于海拔 600 ~ 800 m 的林下岩石上。分布于甘肃、西藏、四川、重庆、贵州、云南。

26. 乌毛蕨科 Blechnaceae

裂羽崇澍蕨

Chieniopteris kempii（Copel.）Ching

产于金秀、象州、贺州；生于海拔 400 ～ 1 000 m 的林下阴湿处。分布于福建、台湾、广东。

荚囊蕨

Struthiopteris eburnea（Christ）Ching

产于全州、龙胜；生于海拔 400 ～ 650 m 的溪边岩石上。分布于四川、贵州、湖南、湖北、安徽、福建、台湾。

东方狗脊

Woodwardia orientalis Sw.

产于龙胜、全州；生于海拔700～1 300 m的林下。分布于安徽、浙江、江西、湖南、福建、台湾、广东。

27. 鳞毛蕨科 Dryopteridaceae

弯柄假复叶耳蕨

Acrorumohra diffracta（Baker）H. Ito

产于武鸣、象州、金秀；生于海拔 800～1 800 m 的常绿阔叶林下。分布于台湾、海南、云南、西藏。

多羽复叶耳蕨

Arachniodes amoena（Ching）Ching

产于贺州市区，以及武鸣、融水、灵川、兴安、龙胜、恭城、桂平、昭平；生于海拔 400 ～ 1 300 m 的常绿阔叶林下。分布于浙江、福建、江西、湖南、广东、贵州。

尾叶复叶耳蕨

Arachniodes caudata Ching

产于靖西、那坡；生于海拔 700 ～ 1 500 m 的常绿阔叶林下。分布于福建、浙江、湖南、江西、广东、四川、贵州、云南。

中华复叶耳蕨

Arachniodes chinensis (Rosenst.) Ching

产于梧州市区、贺州市区，以及武鸣、融水、三江、阳朔、兴安、苍梧、上思、桂平、容县、北流、田阳、凌云、隆林、昭平、金秀、龙州。

刺头复叶耳蕨

Arachniodes exilis（Hance）Ching

产于桂林市区、百色市区、贺州市区，以及武鸣、三江、阳朔、兴安、罗城；生于海拔 200 ～ 500 m 的林下。分布于长江以南各省区。

长刺复叶耳蕨

Arachniodes setifera Ching

产于武鸣、上林、马山；生于海拔 600 ～ 1 100 m 的常绿阔叶林下。

华西复叶耳蕨

Arachniodes simulans（Ching）Ching

产于全州、阳朔、临桂、灵川、资源、金秀、凌云、乐业、容县、武鸣；生于海拔700 ～ 1 600 m 的林下溪边。分布于陕西、甘肃、安徽、江西、湖南、湖北、四川、重庆、贵州、云南。

离脉柳叶蕨

Cyrtogonellum caducum Ching

产于百色市区，以及天峨、凌云、靖西、那坡、龙州、大新、宁明、巴马；生于海拔 400 ～ 1 200 m 的石灰岩山地林下。分布于四川、云南、贵州、台湾。

西畴柳叶蕨

Cyrtogonellum xichouensis S. K. Wu et Mitsuda

产于那坡、凤山；生于海拔 800 ～ 1 200 m 的石灰岩山地林下。分布于云南。

单叶鞭叶蕨

Cyrtomidictyum basipinnatum（Baker）Ching

产于容县；生于海拔 300 ～ 500 m 的林下或山坡石缝中。分布于广东、香港。

腺毛贯众

Cyrtomium adenotrichum Y. Nong et R. H. Jiang

产于南丹；生于海拔 400 ～ 500 m 的洞穴中。

全缘贯众

Cyrtomium falcatum（L. f.）C. Presl

产于北海市区；生于海拔 5～50 m 的海边石壁上。分布于辽宁、山东、江苏、浙江、福建、台湾、广东。

贵州贯众

Cyrtomium guizhouense H. S. Kung et P. S. Wang

产于环江；生于海拔 500 ～ 800 m 的石灰岩山地林下。分布于贵州。

尖羽贯众

Cyrtomium hookerianum（C. Presl）C. Chr.

产于融水、兴安、龙胜、德保、那坡、田林；生于海拔 600 ～ 1 300 m 的林下。分布于湖北、湖南、贵州、四川、云南、西藏、台湾。

阔鳞鳞毛蕨

Dryopteris championii（Benth.）C. Chr.

产于桂林市区、贺州市区，以及武鸣、隆安、上林、宾阳、三江、阳朔、灵川、桂平、北流、罗城、金秀；生于海拔 200 ～ 1 400 m 的林下或山坡上。分布于长江流域及其以南地区。

二型鳞毛蕨

Dryopteris cochleata（Buch.-Ham. ex D. Don）C. Chr.

产于隆林、靖西；生于海拔 700 ～ 900 m 的常绿阔叶林下。分布于四川、贵州、云南。

远轴鳞毛蕨

Dryopteris dickinsii（Franch. et Sav.）C. Chr.

产于融水、灵川、罗城；生于海拔 800 ～ 1 200 m 的阔叶林下。分布于长江流域各省区。

黑足鳞毛蕨

Dryopteris fuscipes C. Chr.

产于桂林市区，以及武鸣、融水、三江、灵川、那坡、宁明；生于海拔250 ～ 1 400 m的常绿阔叶林下。分布于长江以南各省区。

裸果鳞毛蕨

Dryopteris gymnosora（Makino）C. Chr.

产于龙胜、罗城、融水、三江、金秀；生于海拔 200 ～ 1 400 m 的林下。分布于安徽、浙江、江西、湖北、四川、福建、贵州、云南。

杭州鳞毛蕨

Dryopteris hangchowensis Ching

产于融水；生于海拔 1 200 ～ 1 400 m 的林下。分布于浙江。

平行鳞毛蕨

Dryopteris indusiata（Makino）Makino et Yamamoto

产于武鸣、马山、上林；生于海拔 800 ～ 1 200 m 的林下或山坡上。分布于浙江、江西、福建、湖南、四川、贵州、云南。

羽裂鳞毛蕨

Dryopteris integriloba C. Chr.

产于金秀、上思、宁明；生于海拔 400 ～ 700 m 的常绿阔叶林下。分布于广东、海南、云南。

粗齿鳞毛蕨

Dryopteris juxtaposita Christ

产于乐业；生于海拔 600 ～ 700 m 的石灰岩山地洞穴或林下。分布于甘肃、四川、贵州、云南、西藏。

边果鳞毛蕨

Dryopteris marginata（C. B. Clarke）Christ

产于桂林市区，以及灵川、平南、金秀；生于海拔 900 ～ 1 300 m 的林下溪边。分布于台湾、四川、贵州、云南。

柄叶鳞毛蕨

Dryopteris podophylla（Hook.）Kuntze

产于玉林市区，以及上思、防城、那坡；生于海拔 300 ～ 800 m 的阔叶林下。分布于福建、广东、海南、香港、云南。

高鳞毛蕨

Dryopteris simasakii（H. Ito）Kurata

产于龙胜、临桂、灵川、兴安；生于海拔 300 ～ 1 200 m 的阔叶林下。分布于浙江、云南、贵州、四川。

密鳞高鳞毛蕨

Dryopteris simasakii var. *paleacea*（H. Ito）Kurata

产于武鸣、那坡；生于海拔 400 ～ 800 m 的林下。分布于四川、贵州、云南。

狭鳞鳞毛蕨

Dryopteris stenolepis（Baker）C. Chr.

产于田林、隆林；生于海拔 700 ～ 1 200 m 的林下溪边。分布于台湾、云南、贵州、四川、西藏、甘肃。

无柄鳞毛蕨

Dryopteris submarginata Rosenst.

产于武鸣、马山、上林；生于海拔 400 ～ 1 200 m 的山坡林下沟边。分布于浙江、江西、福建、广东、湖南、四川、贵州。

大明鳞毛蕨

Dryopteris tahmingensis Ching

产于武鸣、上林、马山、阳朔；生于海拔 400 ～ 1 200 m 的林下。分布于广东、福建、云南。

同形鳞毛蕨

Dryopteris uniformis（Makino）Makino

产于兴安；生于海拔 1 800 ～ 2 100 m 的草坡、林下或路边。分布于安徽、江苏、浙江、江西、福建。

南平鳞毛蕨

Dryopteris yenpingensis C. Chr. et Ching

产于武鸣、兴安、灵川；生于海拔 800 ～ 1 800 m 的林下石壁上。分布于福建、贵州、湖南、广东。

四回毛枝蕨

Leptorumohra quadripinnata（Hayata）H. Ito

产于百色市区，以及资源、融水、兴安、全州；生于海拔 600 ～ 1 800 m 的林下。分布于台湾、云南。

尖齿耳蕨

Polystichum acutidens Christ

产于西林、隆林；生于海拔 600 ～ 1 000 m 的石灰岩山地林下。分布于云南、贵州、四川、西藏、湖南、湖北、浙江、台湾。

尖头耳蕨

Polystichum acutipinnulum Ching et K. H. Shing

产于全州；生于海拔 600 ～ 800 m 的林下。分布于河南、湖南、湖北、四川、贵州、云南、福建。

粗脉耳蕨

Polystichum crassinervium Ching ex W. M. Chu et Z. R. He

产于桂林市区，以及罗城、灵川、阳朔、平乐、容县、龙州、靖西、那坡；生于 300 ～ 900 m 的石灰岩山地石缝中。分布于湖南、广东、贵州。

圆顶耳蕨

Polystichum dielsii Christ

广西石灰岩区域均产；生于海拔 200 ～ 1 200 m 的林下或洞穴口。分布于湖南、四川、贵州、云南。

凤山耳蕨

Polystichum fengshanense L. B. Zhang et H. He

产于凤山；生于海拔 600 ～ 900 m 的洞穴中。

大叶耳蕨

Polystichum grandifrons C. Chr.

产于金秀、全州；生于海拔 500 ～ 1 600 m 的林下。分布于云南、贵州、台湾。

小戟叶耳蕨

Polystichum hancockii（Hance）Diels

产于贺州市区，以及兴安、龙胜、资源、容县、金秀、龙州；生于海拔 600 ～ 1 200 m 的林下。分布于安徽、浙江、江西、福建、台湾、湖南、广东。

亮叶耳蕨

Polystichum lanceolatum（Baker）Diels

产于那坡、环江；生于海拔 300 ～ 1 000 m 的石灰岩山地天坑内或洞穴中。分布于河南、江西、湖南、湖北、四川、贵州。

黑鳞耳蕨

Polystichum makinoi（Tagawa）Tagawa

产于武鸣、马山、上林、融水、灵川、防城、上思、凌云、隆林、金秀；生于海拔 500 ～ 1 800 m 的林下溪边或山坡林缘。分布于河北、陕西、甘肃、江苏、安徽、浙江、江西、福建、河南、湖北、湖南、四川、贵州、云南、西藏。

微小耳蕨

Polystichum minutissimum L. B. Zhang et H. He

产于环江、靖西；生于海拔 400 ～ 1 000 m 的洞穴中。分布于贵州。

木论耳蕨

Polystichum mulunense X. L. Shen et R. H. Jiang

产于环江；生于海拔 400 ～ 800 m 的洞穴中。

那坡耳蕨

Polystichum napoense C. Xiong et R. H. Jiang

产于那坡；生于海拔 1 000 ～ 1 100 m 的洞穴中。

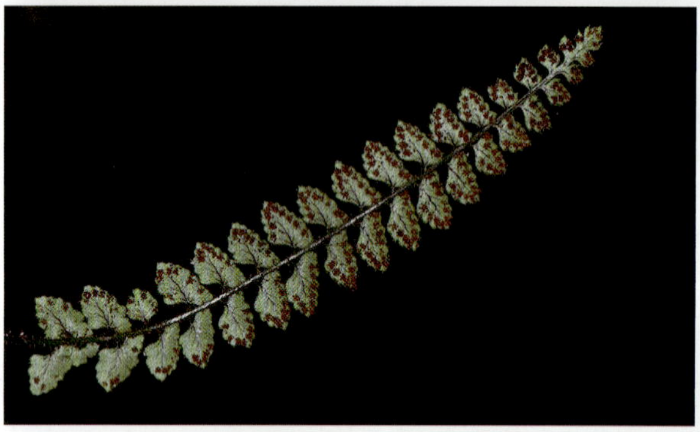

假黑鳞耳蕨

Polystichum pseudomakinoi Tagawa

产于武鸣、灵川、兴安、融水；生于海拔 600 ～ 1 200 m 的林下。分布于安徽、河南、江苏、浙江、江西、湖南、贵州、四川、福建、广东。

多羽耳蕨

Polystichum subacutidens Ching ex L. L. Xiang

产于那坡；生于海拔 1 000 ～ 1 200 m 的石灰岩山地林下。分布于云南。

戟叶耳蕨

Polystichum tripteron（Kunze）C. Presl

产于三江、灵川、龙胜、资源、金秀；生于海拔 600 ～ 1 400 m 的林下溪边。分布于黑龙江、吉林、辽宁、河北、山东、河南、陕西、甘肃、安徽、江苏、浙江、江西、湖南、湖北、四川、贵州、福建、广东。

显脉耳蕨

Polystichum venosum R. H. Jiang et X. C. Zhang

产于环江；生于海拔 600 ～ 800 m 石灰岩山地林下。

28. 三叉蕨科 Tectariaceae

滇桂三相蕨

Ctenitis dianguiensis（W. M. Chu et H. G. Zhou）S. Y. Dong

产于那坡、凌云、靖西；生于海拔 700 ～ 900 m 的林下。分布于云南。

直鳞肋毛蕨

Ctenitis eatonii（Baker）Ching

产于龙州、靖西；生于海拔 700 ～ 900 m 的石灰岩山地洞穴口。分布于江西、贵州、台湾。

曼氏肋毛蕨

Ctenitis mannii（C. Hope）Ching

产于防城、上思；生于海拔 300 ～ 500 m 的阔叶林下或沟谷边。

泡鳞肋毛蕨

Ctenitis mariformis（Rosenst.）Ching

产于资源、龙胜、兴安；生于海拔 1 800 ～ 2 000 m 的林下。分布于云南、贵州、四川、湖南、浙江、江西、福建、广东。

阔鳞肋毛蕨

Ctenitis maximowicziana（Miq.）Ching

产于金秀；生于海拔 900 ～ 1 400 m 的常绿阔叶林下。分布于浙江、江西、福建、台湾、广东、贵州、四川、湖南。

轴脉蕨

Ctenitopsis sagenioides（Mett.）Ching

产于百色市区，以及龙州；生于海拔 300 ～ 500 m 的林下。分布于海南、云南。

棕毛轴脉蕨

Ctenitopsis setulosa（Baker）C. Chr. ex Tardieu et C. Chr.

产于武鸣、融水、三江、上思、平南、桂平、宜州、扶绥、宁明；生于海拔 300 ～ 900 m 的常绿阔叶林下。分布于广东、云南。

三相蕨

Ctenitopsis sinii（Ching）Ching

产于贺州市区，以及三江、阳朔、兴安、龙胜、罗城、金秀；生于海拔 400 ～ 1 200 m 的常绿阔叶林下。分布于福建、浙江、湖南、广东、海南。

薄叶牙蕨

Pteridrys cnemidaria（Christ）C. Chr. et Ching

产于隆安、那坡、田林；生于海拔 600 ～ 900 m 的常绿阔叶林下。分布于云南、贵州、台湾。

大齿叉蕨

Tectaria coadunata（Wall. ex Hook. et Grev.）C. Chr.

产于龙州、靖西、那坡、田林；生于海拔 100 ～ 1 500 m 的常绿阔叶林下。分布于云南、四川、贵州、广东、台湾。

黑柄叉蕨

Tectaria ebenina（C. Chr.）Ching

产于那坡、龙州；生于海拔 850 ～ 1 200 m 的常绿阔叶林下。分布于云南、贵州。

冯氏轴脉蕨

Tectaria fungii S. Y. Dong

产于那坡；生于海拔 800 ～ 900 m 的林下。分布于海南、云南。

广州叉蕨

Tectaria kwangtungensis Ching

产于龙胜、全州；生于海拔 400 ～ 600 m 的林下。分布于广东。

云南叉蕨

Tectaria yunnanensis（Baker）Ching

产于罗城；生于海拔 200 ～ 400 m 的林下。分布于云南、四川、海南、台湾。

29. 实蕨科 Bolbitidaceae

网脉实蕨

Bolbitis × laxireticulata K. Iwats.

产于武鸣；生于海拔 300 ～ 600 m 的山谷石壁或林下。分布于广东、海南、香港、台湾。

贵州实蕨

Bolbitis christensenii（Ching）Ching

产于龙州、大新、宁明、那坡、靖西；生于海拔 200 ～ 1 100 m 的林下。分布于贵州。

长叶实蕨

Bolbitis heteroclita（C. Presl）Ching

广西各地均产；生于海拔 20 ～ 1 200 m 的林下阴湿处。分布于广东、云南、贵州、四川、台湾、福建、海南。

华南实蕨

Bolbitis subcordata（Copel.）Ching

广西各地均产；生于海拔 100 ～ 700 m 的林下。分布于浙江、海南、云南、台湾、福建、广东、江西。

刺蕨

Egenolfia appendiculata（Willd.）J. Sm.

产于融水、防城、上思、平南、容县、金秀；生于海拔 300 ～ 900 m 的常绿阔叶林下或沟谷溪边。分布于台湾、广东、海南、云南。

中华刺蕨

Egenolfia sinensis（Baker）Maxon

产于田林；生于海拔 600 ～ 900 m 的密林下。分布于云南、贵州。

30. 舌蕨科 Elaphoglossaceae

爪哇舌蕨

Elaphoglossum angulatum（Blume）T. Moore

产于东兴、武鸣；生于海拔 1 300 ～ 1 500 m 的潮湿岩石上或树干上。分布于台湾、海南。

圆叶舌蕨

Elaphoglossum sinii C. Chr. ex Wu

产于平南、象州、金秀、融水；生于海拔 1 100 ～ 1 900 m 的常绿阔叶林下。分布于云南。

31. 篠蕨科 Oleandraceae

高山篠蕨

Oleandra wallichii（Hook.）C. Presl

产于象州、金秀；生于海拔 500 ～ 1 900 m 的常绿阔叶林中，常附生于石壁或树干上。分布于台湾、四川、云南、西藏。

32. 骨碎补科 Davalliaceae

美小膜盖蕨

Araiostegia pulchra（D. Don）Copel.

产于那坡、凌云、乐业；生于海拔 700 ～ 1 400 m 的林下树干或石壁上。分布于四川、贵州、云南、西藏。

那坡骨碎补

Davallia napoensis F. G. Wang et F. W. Xing

产于那坡；生于海拔 800 ～ 1 000 m 的石灰岩山地林下。

大膜盖蕨

Leucostegia immersa C. Presl

产于象州、金秀；生于海拔 1 600 ～ 1 800 m 的林下。分布于云南、西藏、台湾。

33. 水龙骨科 Polypodiaceae

节肢蕨

Arthromeris lehmanni（Mett.）Ching

产于兴安、灵川、武鸣；附生于海拔 900 ～ 1 300 m 的林下石壁上或树干上。分布于西南地区及台湾、浙江、广东、海南、江西、湖北。

多羽节肢蕨

Arthromeris mairei（Brause）Ching

产于融水、恭城；附生于海拔 300 ～ 700 m 的林下石壁上。分布于陕西、云南、四川、贵州、西藏、湖北、江西。

胄叶线蕨

Colysis hemitoma（Hance）Ching

产于贺州市区，以及金秀、临桂、龙州、扶绥、三江、昭平；附生于海拔 100 ～ 800 m 的林下沟谷石壁上。分布于浙江、湖南、海南、贵州、四川、福建、广东、江西。

曲边线蕨

Colysis elliptica var. *flexiloba*（Christ）L. Shi et X. C. Zhang

产于百色市区、贺州市区，以及天峨、罗城、环江、凌云、隆林、西林、德保、那坡、田林、兴安、全州、龙胜、临桂、融水、三江；生于海拔 300 ～ 1 300 m 的林下。分布于云南、湖南、江西、贵州、四川、台湾。

绿叶线蕨

Colysis leveillei（Christ）Ching

产于贺州市区，以及蒙山、上思、那坡、田林、西林、隆林、荔浦、阳朔、永福、临桂、兴安、灵川、金秀、三江、桂平、平南、北流；生于海拔 300 ～ 900 m 的林下。分布于广东、福建、湖南、江西、贵州。

具柄线蕨

Colysis pedunculata（Hook. et Grev.）Ching

产于防城港市区、贺州市区，以及靖西、那坡、龙州、大新、德保、宁明、上思、北流、金秀；生于海拔 100 ～ 800 m 的林下沟边或岩石上。分布于海南、云南。

伏石蕨

Lemmaphyllum microphyllum C. Presl

产于临桂、全州、兴安、苍梧、防城、上思、博白、北流、靖西、昭平、都安、金秀、龙州；附生于海拔 10 ～ 900 m 的林下树干或石壁上。分布于台湾、安徽、浙江、江苏、福建、湖北、湖南、江西、广东、海南、云南。

披针骨牌蕨

Lepidogrammitis diversa（Rosenst.）Ching

产于武鸣、龙胜、融水、罗城、金秀、上思；附生于海拔 400 ～ 1 200 m 的常绿阔叶林下树干上或石壁上。分布于长江中下游各省区及台湾。

鳞果星蕨

Lepidomicrosorum buergerianum（Miq.）Ching et K. H. Shing

产于玉林市区、贺州市区，以及武鸣、融水、三江、临桂、龙胜、苍梧、上思、容县、凌云、乐业、东兰、象州、金秀；附生于海拔 300 ～ 1 000 m 的林下树干上或石壁上。分布于浙江、江西、湖南、湖北、甘肃、四川、贵州、云南。

滇鳞果星蕨

Lepidomicrosorium subhemionitideum（Christ）P. S. Wang

产于融水、临桂、龙胜、资源、防城、上思、乐业、田林、隆林、那坡；附生于海拔 600 ～ 1 300 m 的林下树干上或石壁上。分布于云南、贵州、四川、西藏、湖南。

黄瓦韦

Lepisorus asterolepis（Baker）Ching

产于兴安、全州、龙胜、武鸣、金秀；附生于海拔 800 ～ 1 700 m 的林下树干上或石壁上。分布于贵州、四川、湖南、湖北、福建、浙江、江苏、安徽、江西、陕西、云南。

大瓦韦

Lepisorus macrosphaerus（Baker）Ching

产于龙胜、融水、罗城、象州、金秀、隆林、凌云、乐业、那坡、靖西；附生于海拔 700 ～ 1 500 m 的林下树干上或石壁上。分布于浙江、江西、湖南、云南、贵州、四川、甘肃、西藏。

短柄瓦韦

Lepisorus subsessilis Ching et Y. X. Lin

产于那坡、凤山、靖西；生于海拔 800 ～ 1 100 m 的石灰岩山地林下。分布于广东。

阔叶瓦韦

Lepisorus tosaensis（Makino）H. Ito

产于武鸣、马山、上林、金秀、平南、资源、兴安、龙胜、上思、靖西；附生于海拔 400 ～ 1 600 m 的沟谷石壁上或树干上。分布于福建、浙江、江西、广东、云南、贵州、四川、台湾、安徽、重庆、湖南、西藏。

尤兴瓦韦

Lepisorus youxingii R. H. Jiang et X. C. Zhang

产于融水；附生于海拔 1400 ～ 1 800 m 的林下树干或石壁上。

羽裂星蕨

Microsorum insigne（Blume）Copel.

产于百色市区，以及融水、临桂、上思、容县、那坡、田林、金秀；生于海拔 300 ～ 900 m 的沟谷林下。分布于江西、福建、台湾、广东、海南、香港、四川、贵州、云南、西藏。

蟹爪盾蕨

Neolepisorus ovatus f. *doryopteris*（Christ）Ching

产于环江；生于海拔 400 ～ 600 m 的林下。分布于贵州。

宽底假瘤蕨

Phymatopteris majoensis（C. Chr.）Pic. Serm.

产于武鸣、上思、兴安、金秀；附生于海拔 800 ～ 1 300 m 的林下树干上或石壁上。分布于云南、贵州、四川、陕西、湖南、湖北、安徽、江西。

圆顶假瘤蕨

Phymatopteris obtusa（Ching）Pic. Serm.

产于武鸣、防城、宁明、上思；常附生于海拔 700 ～ 1 300 m 的树干或石壁上。分布于海南、西藏。

五裂假瘤蕨

Phymatopteris quinquefida（H. J. Wei）R. H. Jiang

产于靖西；生于海拔 700 ～ 750 m 的林下石壁上。

柔毛水龙骨

Polypodiodes amoena（Wall. ex Mett.）Ching var. *pilosa*（C. B. Clarke）Ching

产于全州、资源、融水、恭城；附生于海拔 1 200 ～ 1 800 m 的林下树干或石壁上。分布于云南、西藏、四川、贵州、湖北、浙江。

蒙自拟水龙骨

Polypodiastrum mengtzeense（Christ）Ching

产于金秀、灵川；生于海拔 900 ～ 1 600 m 林下石壁上。分布于贵州、云南、台湾、广东。

石蕨

Pyrrosia angustissima（Giesenh. ex Diels）Tagawa et K. Iwats.

产于龙胜、全州、资源、临桂、阳朔、兴安、南丹、凌云、乐业、田林；生于海拔 700 ～ 900 m 的常绿阔叶林下。分布于台湾、福建、浙江、江西、安徽、湖北、湖南、河南、山西、陕西、甘肃、广东、贵州、四川。

光石韦

Pyrrosia calvata（Baker）Ching

产于贺州市区、河池市区、南宁市区，以及临桂、永福、阳朔、天峨、凤山、靖西、那坡、隆林、凌云、乐业、德保、田东、都安、天等、大新、龙州；附生于海拔 100 ～ 1 100 m 的林中树干或岩石上。分布于浙江、湖北、湖南、陕西、甘肃、广东、福建、云南、贵州、四川。

西南石韦

Pyrrosia gralla（Giesenh.）Ching

产于那坡、乐业、隆林、金秀、宁明；生于海拔 800 ～ 1 400 m 的林下树干或石壁上。分布于四川、云南。

裸叶石韦

Pyrrosia nuda（Giesenh.）Ching

产于那坡；生于海拔 350 ～ 1 100 m 的常绿阔叶林下。分布于海南、云南、四川。

长圆石韦

Pyrrosia oblonga Ching

产于防城、上思；生于海拔 200 ～ 400 m 的阔叶林下沟谷石壁上。分布于海南。

柔软石韦

Pyrrosia porosa（C. Presl）Hovenkamp

产于凌云、那坡；附生于疏林下树干上或岩石上。分布于台湾、浙江、海南、云南、贵州、四川、西藏。

相似石韦
Pyrrosia similis Ching

产于河池市区，以及龙胜、罗城、宜州、天等、龙州、那坡、乐业、凌云；常附生于海拔 480 ～ 1 100 m 的林下岩石上。分布于贵州、四川。

34. 槲蕨科 Drynariaceae

槲蕨

Drynaria roosii Nakaike

广西各地均产；附生于海拔 100 ～ 800 m 的树干或石壁上。分布于安徽、江苏、江西、湖南、湖北、四川、重庆、贵州、云南、福建、广东。

35. 禾叶蕨科 Grammitaceae

虎尾蒿蕨

Ctenopteris subfalcata（Blume）Kunze

产于融水；附生于海拔 1 600 ～ 1 800 m 的林下树干或石壁上。分布于台湾、安徽、湖南、云南、四川、贵州、西藏。

36. 剑蕨科 Loxogrammaceae

黑鳞剑蕨

Loxogramme assimilis Ching

产于融水、罗城、环江、金秀、三江、那坡、田林、苍梧、龙州；生于海拔340 ～ 1 300 m的常绿阔叶林或石灰岩山地林下。分布于江西、云南、贵州、四川、重庆。

匙叶剑蕨

Loxogramme grammitoides（Baker）C. Chr.

产于资源；生于海拔 1 200 ～ 1 400 m 的林下溪边。分布于河南、陕西、甘肃、安徽、浙江、江西、湖南、湖北、四川、重庆、贵州、云南、西藏、福建、台湾。

37. 满江红科 Azollaceae

常绿满江红

Azolla imbricata var. *sempervirens* Y. X. Lin

广西各地均产；生于水田或水塘中。广布于长江以南区域。